超能编程队

猿编程童书 ———————————— 著

1

我的同桌有超能力

云南出版集团

云南美术出版社

果麦文化　出品

欢迎来到奇妙小学

加载······

60%

皮仔　年龄：9岁

身份： 奇妙小学三年二班学生，编程小队灵感担当。

特征： 外号搞怪侠，喜欢调皮捣蛋。

爱好： 看漫画、打游戏、给同学讲奇异故事，最喜欢的书是《世界奇异故事大全》。

梦想： 改变自己的人生词云，成为编程发明家。

口头禅： 你猜怎么着？

袁萌萌　年龄：9岁

身份： 奇妙小学三年二班新来的转校生，皮仔同桌，是编程小队的项目经理。

特征： 外号机器猫，超级学霸。

爱好： 学数学。

梦想： 成为超级编程发明家。

欧阳拓宇　年龄：9岁

身份： 奇妙小学三年二班文艺委员，编程小队文案担当。

特征： 外号造句大王，口才好，有文采，但有点话多。

爱好： 爱好广泛，啥都喜欢，尤其喜欢看各种各样的书。

陈默　年龄：9岁

身份： 奇妙小学三年二班学生，皮仔好朋友，编程小队代码助手。

特征： 害羞，不爱说话，被人欺负的老好人。外号漫画大王。

爱好： 喜欢奥特曼。漫画重度爱好者。

口头禅： 嗯……

李小慈　年龄：9岁

身份： 奇妙小学三年二班生活委员。学校教导主任的女儿，编程小队测试担当。

特征： 长相甜美，但说话带刺儿，外号李小刺儿。

爱好： 怼人。

杠上花　年龄：9岁

身份： 奇妙小学三年二班学生，编程小队设计担当。

特征： 喜欢抬杠，外号杠上花。但其实只是想证明自己。

爱好： 喜欢服装设计，爱看《时尚甜心》。

梦想： 成为一名服装设计师。

马达　年龄：9岁

身份： 奇妙小学三年二班转校生，编程小队代码担当。

特征： 隐藏的代码高手。时刻要求自己进步。

爱好： 吃螺蛳粉，喜欢天文、科技。

百里能　年龄：9岁

身份： 奇妙小学三年二班班长。

特征： 对自己要求非常严格。在同学中有威信。理性、严谨。经常在家做各种发明。明里暗里与袁萌萌较劲。

爱好： 弹钢琴、编程。

钱滚滚　年龄：9岁

身份： 奇妙小学三年二班同学，编程小队宣传担当。

特征： 天生对数字敏感。

爱好： 对什么都有一点点兴趣。

contents

目录

我的同桌有超能力

01

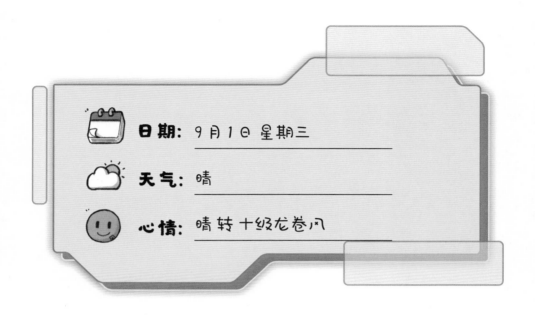

日 期： 9月1日 星期三

天 气： 晴

心 情： 晴转十级龙卷风

气死我了，气死我了，气、死、我、了！

今天，本来是我特别期待的日子，我——皮仔，终于要有同桌了！其实，我之前有过不少同桌，可他们的自控力都太差！只要一坐在我旁边，就会跟我聊天、看漫画什么的。结果呢？我的成绩还是稳稳的，他们却一个个直线下降。所以老师就不让他们坐在我旁边了。可是昨天，老师突然说班里要来一位新同学，还要跟我坐同桌。能被老师安排坐我旁边的，这人一定有什么特别之处吧？我可得好好考验他一下。

早自习的时候，班长百里能领着新同桌——一个戴眼镜的女生（一看就是那种好认真、好听话、好无趣的三好学生）走进教室，他向我们介绍道："这是新同学袁萌萌，以后她就坐在皮仔旁边了。"

班长说完，这个叫"袁萌萌"的女生径直朝我走来。

我赶紧伸出手，指向前排的钱滚滚，说："我不是皮仔，他才是皮仔。"

谁知，她却说："他？他不是钱滚滚吗？他旁边坐的是宽宽啊！"

我又一指欧阳拓宇的位子："我说错了，皮仔在那儿，你去吧。"

她仍然不为所动："不是吧，坐欧阳拓宇的旁边？那杠上花坐哪儿？"

嘿，奇了怪了，她怎么好像认识所有人，连外号都知道！不行，我要再试一次！

我不是皮仔，他才是皮仔。

可我的手还没举起来，她就打断了我："行啦！你，就是皮仔！这，就是我的位子！"

说完，她打开书包，掏出铅笔盒，放我旁边的桌子上了。

奇怪！太奇怪了！她一个新来的插班生，怎么会知道我们的名字？我们可谁都没有跟她打过招呼！

紧接着，更奇怪的事情发生了！刚来的第一天，她就能帮老师发作业，而且发得全对！没有一个人是认错的！不会吧！难道她有超能力？

天呀！我的同桌有超能力？！ 如果她真的有超能力，那她会不会飞？会不会喷火？会不会隐身？

正当我反复确认她是不是真有超能力的时候，我发现，她的超能力，好像时灵时不灵的！比如，明明早上还认识的同学，中午就叫不出名字了；明明刚打过招呼，转眼就不认识这个人了……经过整整一个上午的观察，我终于发现了其中的奥秘：只要她不戴眼镜，就谁都不认识！

原来，有超能力的不是她，而是她的眼镜呀！

好吧，眼镜，你成功引起了我的注意。

吃过午饭，我趁她不在教室，偷偷戴上了她的眼镜。你猜怎么着？

每一个从眼镜前经过的同学，他们的名字都会出现在镜片上！

"三年级二班班长，百里能！"

"三年级二班漫画达人，陈默！"

哈哈，太逗了！有了这个神器，我岂不是能知道全校同学的名字了？嘿嘿，我当然得戴着它去操场上试试！

来到操场，我放眼一看——原来高年级升旗手叫郭乐！教导主任叫李大华！

哈哈哈，太好玩了。

我正一个个破解同学们的姓名和外号，不知道是谁撞了我一下，摔了我一个大马趴。好不容易爬起来，眼镜却不见了！

我沿着围墙一圈一圈地找了半天，怎么也找不到！就在这时，上课铃响了，我只好先回教室。

一下午，没了眼镜的袁萌萌果然谁都不认识，出尽了洋相，看得我又好笑又有些内疚。我本来打算一放学就去操场上再找找眼镜的，结果，学校广播先响了：

"三年二班的皮仔！三年二班的皮仔！损坏学校围墙，行为恶劣，速去操场，将墙面清理干净！"

不对啊，这事儿不都过去一个多月了吗？怎么现在暴露了？他们是怎么发现的？

我不情愿地走到操场一看，超能力眼镜竟然戴在传达室老大爷的脸上！完了完了，现在我的名字，肯定出现在老大爷的镜片上了。

果然，老大爷叉起腰，气势汹汹地望着我："哼！自来卷儿。我逮你逮了一个月了！可算让我知道你是谁了！"

接着，老大爷就举起大喇叭，喊了起来。

三年二班的皮仔，
毁坏公物，行为恶劣。
三年二班的皮仔……

啊！好尴尬，好丢脸啊！

超能发明大揭秘

马上就要去新学校报到了，新同学会喜欢我吗？会不会没人跟我玩？我可不想孤零零一个人。有了！我要做一副打招呼识别眼镜。让我可以迅速跟大家打成一片！来看看这个超能发明是如何实现的吧！

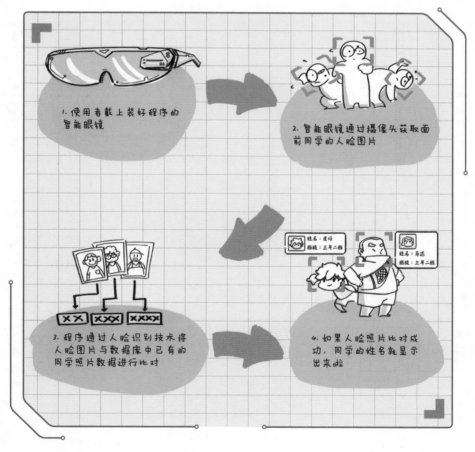

1. 使用者戴上装好程序的智能眼镜

2. 智能眼镜通过摄像头获取面前同学的人脸图片

3. 程序通过人脸识别技术将人脸图片与数据库中已有的同学照片数据进行比对

4. 如果人脸照片比对成功，同学的姓名就显示出来啦

只要打开人脸识别程序，智能眼镜就会自动识别同学的脸，并显示出这位同学的姓名、班级和外号。这样一来，哪怕我没见过学校里的同学，我也能叫出他们每个人的名字！

人脸识别

　　在这个发明中，我用到了人脸识别技术。人脸识别是一种机器依据人的脸部特征，自动进行身份识别的技术。人脸识别在生活中很常见，比如，用"刷脸"就能快速解锁智能手机，很多小区和大楼的门需要"刷脸"才能进入，有些商店用"刷脸"就能支付购买……人脸识别技术大致分为四步：

❶

1. 人脸图像采集与检测

　　我们用眼睛看世界，智能机器用摄像头"看世界"，智能机器通过摄像头采集图像或视频，并检测图像中是否含有人脸。

❷

2. 人脸特征分析与记录

　　接下来，智能机器会对人的脸部特征进行分析并记录，例如，脸长、脸宽、嘴巴的大小、鼻子的形状、下巴角度等。

❸

3. 人脸匹配与识别

　　通过分析这些特征，我们就可以和人脸数据库中的数据进行精准匹配了。

❹

4. 显示结果

　　分析特征，确定人物后，机器会从人脸数据库中提取相匹配的信息并显示，如果没有显示信息，就说明这张人脸不在机器的人脸数据库中。

　　掌握了人脸识别技术的智能机器可以一下子记住很多人的面孔，这是我们人类很难做到的。但目前的人脸识别技术还有不少缺点。比如在光线不足或太强时，会影响识别速度和准确度；对双胞胎的脸也没有办法准确区别等。不过，随着科技的进步，我相信人脸识别技术一定会继续发展的！

魔法同桌
的秘密

02

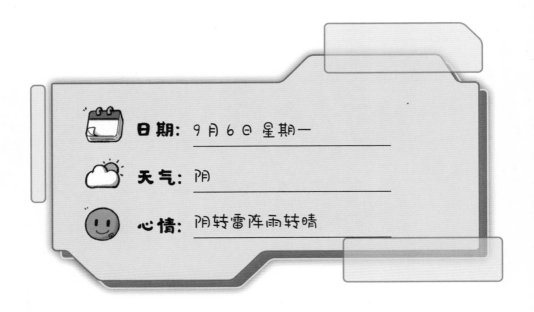

日期: 9月6日 星期一

天气: 阴

心情: 阴转雷阵雨转晴

今天真是曲折离奇、迂回婉转的一天！我该从哪儿讲起呢？还是从头儿说吧。

本来，我今天有一个完美的计划，可以挽回超能力眼镜让我丢的脸。我要在最严格的包老师的课上，把袁萌萌的教具袋给藏起来。知道这么做的厉害之处吗？包老师呀！那可是鼎鼎大名、最严格的包老师呀！她最受不了的就是学生不带教具袋。这回，要是袁萌萌没带教具袋……哈哈哈哈，想想都开心。

下课铃响了，我等啊等，终于等到袁萌萌起身去上厕所了。我想

皮仔！赶快把袁萌萌
的东西放下！

要藏的那个教具袋正好放在桌面上，真是天时地利人和！

趁大家没注意，我一下拿起她的教具袋。刚要藏，没想到教室里突然响起教导主任的声音："皮仔！赶快把袁萌萌的东西放下！"

整个班级瞬间鸦雀无声，大家齐刷刷地看向我！吓得我赶紧放下教具袋。奇怪了！我朝四面八方都看了，根本没看见教导主任的身影！

这时候，欧阳拓宇从身后拍了我一下："皮仔，教导主任在叫你吧？你不会又要被罚刷墙了吧？"

欧阳拓宇边说边一屁股坐在了袁萌萌的桌子上，刚好碰到了教具

袋。没想到，教导主任的声音又响了起来："皮仔！赶快把袁萌萌的东西放下！"

可我什么都没动呀！当时，有一些同学跑出教室，往前门、后门、走廊找了一圈，可根本没有教导主任的影子！这也太奇怪了，我决定拿袁萌萌的其他东西试试，先拿作业本吧——什么也没发生！

欧阳拓宇提醒我："不然，你再试试铅笔盒？"

我又拿起袁萌萌的铅笔盒——也没事！

其他同学也跟着七手八脚地拿起袁萌萌的东西试验。就在这时，钱滚滚拿起了袁萌萌的教具袋。突然，教导主任的声音又一次响了："皮仔！赶快把袁萌萌的东西放下！"

刚刚明明不是我拿的！怎么还叫我的名字？不过，我当时就发现了问题——只要一碰教具袋，教导主任就会批评我。大家都发现了问题，纷纷过来拿袁萌萌的教具袋，那教具袋就像被下了咒语一样，不管谁拿，都喊我的名字！

不不不，这教具袋不是"像"被施了魔法，它就是被施了魔法！天呀，太可怕了，我的同桌竟然会魔法！

真是太吓人了，怎么才能打败一个会魔法的同桌呢？

回家的路上，我一直在琢磨，难道我的同桌会魔法，我就要认输吗？不，绝对不能轻易被打败！我要证明，人类也是可以战胜魔法的！

一到家，我就翻出所有关于魔法的书，仔细查找魔法的弱点。

有了有了，魔法只要打喷嚏就会消失！还有，会魔法的人被水泼了，就会现出原形！还是这个厉害！会魔法的人碰到铁，就会失去法力！

我又燃起了斗志！袁萌萌，你以为你会魔法我就怕你了吗？我已经知道你的弱点啦！

超能发明大揭秘

我的新同桌叫皮仔，整天就知道欺负我，一会儿藏我的橡皮，一会儿扔我的作业本。哼，我要做一台捣蛋男生反弹机，用我的方式开始反击！接下来，让我们看看这个超能发明是如何实现的吧！

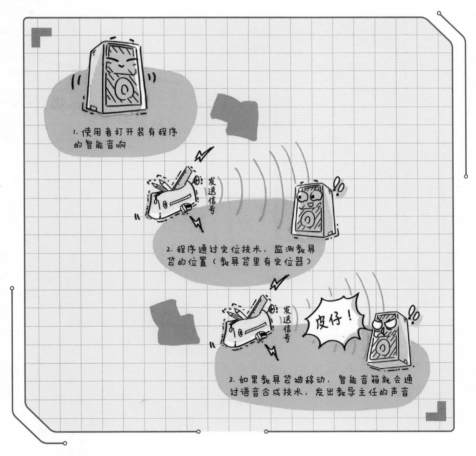

1. 使用者打开装有程序的智能音响

2. 程序通过定位技术，监测教具袋的位置（教具袋里有定位器）

发送信号

3. 如果教具袋被移动，智能音箱就会通过语音合成技术，发出教导主任的声音

皮仔！

把定位器放进我的教具袋，再打开智能音箱，这样一来，只要有人动了我的教具袋，智能音箱就会接收到定位器发出的信号，自动播放教导主任的声音！嘿嘿，下次皮仔再捣蛋，就让教导主任来吓唬他！

在这个发明中，语音合成技术发挥了关键性作用，它帮我实现了用教导主任的声音说出任意句子的功能。

语音合成通过机械的、电子的方法来制造语音，它可以让机器像人一样开口说话，相当于给机器装上"人工嘴巴"。

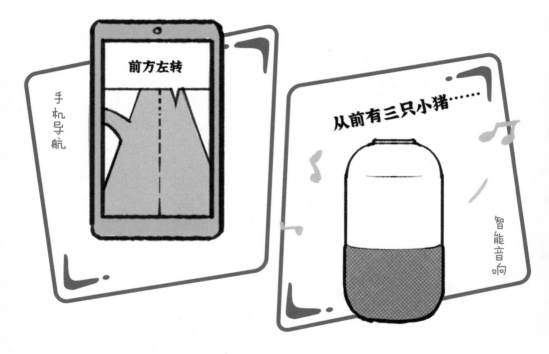

比如，当我们使用手机导航时，会有语音提醒我们路况和方向；家里的智能音箱也可以和我们用语音对话；语音合成，还可以朗读电子书籍和文章。

语音合成技术虽然让机器拥有了自己的声音，但目前机器的语言听起来还不那么真实自然。随着未来语音合成技术的不断发展，机器的声音肯定能变得越来越接近真人。

消灭
魔法计划

03

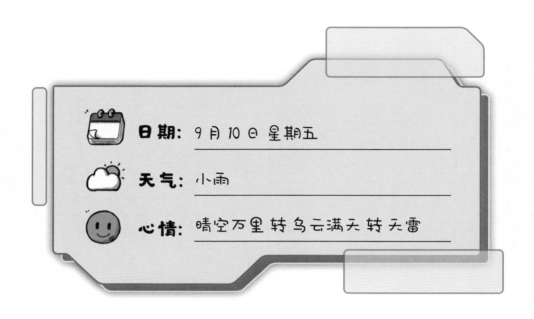

日期: 9月10日 星期五

天气: 小雨

心情: 晴空万里 转 乌云满天 转 天雷

人类是可以战胜魔法的，我也能战胜袁萌萌！

今天，本来应该是大快人心的一天，一切都那样完美、精准、妥当，三个计划都像我期待的那样一点一点地展开了！

计划一，胡椒粉消失计划。只要让袁萌萌闻到胡椒粉，她就会消失！我把胡椒粉精心地撒在课桌上，等她一来，我往她那个方向一吹——"阿嚏！阿嚏！"

袁萌萌不停地打喷嚏。我也跟着打了起来，打得我眼含热泪、声

泪俱下，我擦了好多鼻涕。等我把鼻子擦干净，才反应过来，她应该消失啊！怎么没消失？我戳——

"你戳我干什么？"袁萌萌一脸莫名其妙地看着我。

不对啊，她为什么不消失？怎么不灵？不过，没关系的！我还有计划二——泼水大法！只要我拿着水杯，假装摔倒，再把水溅到她身上，她就会现出原形！

"哎呀！皮——仔！我的衣服！你你你！你肯定是故意的！"

"现原形吧！现原形吧！"我严肃又认真地念叨着，可袁萌萌怎么还不现原形呢？让我看看，没有尾巴，袖子里没有翅膀，头发里也没有藏着犄角！真奇怪！看来第二招也不灵！

没办法，我只好派出最后的大招——计划三：铁尺神剑！我就不信袁萌萌不怕！

"铁——尺——神——剑！"

碰着了！碰着了！可是，袁萌萌依旧没有消失、没有现原形！怎么还不灵？对了，对了！我忽略了一个问题。她碰到铁就会"法术"消失！我决定去试试她昨天的咒语还灵不灵。

我拿起袁萌萌的教具袋——竟然没响，真的没响！我成功了！哈哈！原来袁萌萌怕铁尺！我终于知道袁萌萌的弱点了！不行，这么大的秘密，我得赶紧找人分享一下。

我先找了欧阳拓宇："欧阳，我告诉你个秘密，你知道袁萌萌最怕什么吗？她怕尺子，铁尺子！以后她要是欺负你，你就用这个尺子碰她一下，特别灵！"

就这样，这一周，我一直都在用铁尺防身！袁萌萌对我大声说话，我

就举起铁尺子；袁萌萌上课不理我，我就用铁尺子拍她一下；袁萌萌不借我橡皮，我就用铁尺子打她的胳膊！果然！她怕铁尺子！因为她都老老实实的，一次也没还手！

可是，周五班会的时候，轮到袁萌萌做分享，别人分享的题目都叫"我的一周""难忘的事"什么的……她的题目却叫"罪恶相册"！

只见袁萌萌神气地走到讲台上，一点投影仪，整面墙上都投出了——我的照片！

接着，袁萌萌不满地说："请看这张照片，9月7日，9点10分，皮仔用胡椒面呛我！"

啊？她这这这是什么时候拍的……

我家胡椒粉的商标都露出来了！

"9月7日，下午2点08分，皮仔假装摔倒，故意把水泼在我身上！"

这，怎么给我拍得这么胖啊！

"9月7日，下午3点45分，皮仔用尺子捅我！"

我怎么龇牙咧嘴的，这张没拍好。没有拍到我帅气的精髓！

"9月8日，早上7点33分，皮仔正在用尺子拍我的头！"

怎么拍了那么多，都不给我修一下照片！

"9月8日，上午9点07分，皮仔用尺子晃我！9月8日，下午1点50分……"

"皮仔！"

包老师把事情告诉了教导主任，教导主任又罚我擦围墙。可怜的我拿着抹布来到操场，又碰到那个传达室的大爷，这次他倒是没戴超能力眼镜。不过，我的名字他已经背下来了。他一看见我就大喊："三年二班的皮仔，三年二班的皮仔……"

啊！啊！啊！都怪袁萌萌！

唉，被老师批评了。说我不该用捣蛋男生反弹机来戏弄同学。行吧，我就不跟皮仔这个捣蛋鬼计较了。不过，正当防卫还是必须有的，我要做个罪恶相册，记录下皮仔欺负我的样子。

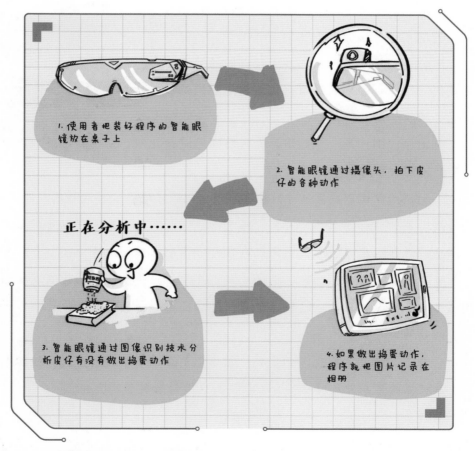

1. 使用者把装好程序的智能眼镜放在桌子上

2. 智能眼镜通过摄像头，拍下皮仔的各种动作

正在分析中……

3. 智能眼镜通过图像识别技术分析皮仔有没有做出捣蛋动作

4. 如果做出捣蛋动作，程序就把图片记录在相册

只要在智能眼镜上打开软件，任何人在我面前做了欺负我的动作，程序就会自动识别，并用摄像头拍下照片，记录下日期时间后储存起来！有了它，我再也不用担心皮仔欺负人又不承认了，这些照片就是证据！

图像识别技术

在这个发明中，我用图像识别技术，识别出了皮仔欺负人时的动作。机器跟我们人类不一样，它们用摄像头"看世界"，但机器的看见并不等于认识。想让机器能够像我们一样认识看到的图像，就需要用到图像识别技术。

图像识别，是一种利用计算机对图像进行处理、分析和理解，以识别各种不同对象的技术。

利用图像识别我们可以做很多事情，比如可以通过对动物图片的识别，获得动物的品种、名称、习性等信息；通过航拍的照片，可以分析城市的结构、计算绿化覆盖率；图像识别还可以识别农作物是否成熟、是否有病虫害等。除此之外，图像识别还可以用在医学上，智能机器能够发现医学图像中的细微差距，通过快速分析，辅助医生进行医疗诊断，让病人得到更高效的医疗服务。

在人工智能不断发展的今天，图像识别在生活中随处可见，随着图像识别技术的不断发展，肯定会给我们的生活带来更多的便利。

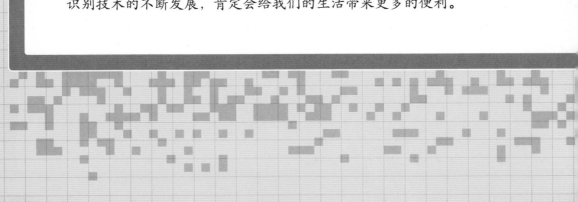

变身吧！
李小刺儿

04

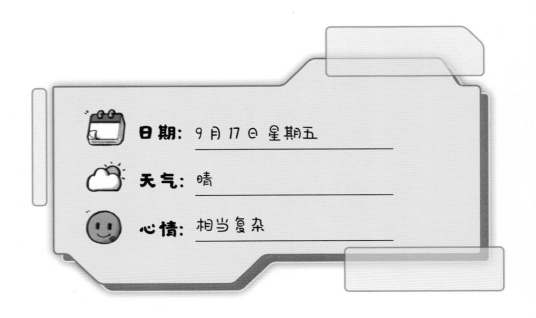

日 期：9月17日 星期五

天 气：晴

心 情：相当复杂

今天，我听说了一个新词儿：**编程**！你听说过这个词儿吗？你知道它有多厉害吗？它能让李小刺儿变成人见人爱的班花！你说厉害不？

事情还得从我们班那个最不招人喜欢的女生——李小慈说起。李小慈是教导主任的女儿，说话跟她爸一样，什么话从她嘴里说出来，总会变得特别难听！别人打招呼都说"你好"，她打招呼说"起开"！

所以，我们谁都不爱跟她玩。什么活动，只要她一参加，大家都自动散了，省得招不痛快！我们背后还会叫她李小刺儿。

不过这几天，班里发生了大变化！李小刺儿的人缘突然变好了！课间的时候，居然有同学主动来跟她玩，还有我们线上学习小组的同学，居然邀请她参加组里的讨论。这可真是大怪事！

傍晚，上网课的时候，一看到李小刺儿的头像在那儿闪，我就预感，今天的讨论又是一场大战，就看她的炮火冲向谁吧！

李小刺儿一上线就发表了自己的观点。果然，大家都不同意她的观点。以她的脾气，战鼓马上就要敲响了。我正等着看好戏呢，可没想到，屏幕上却出现了这样一行字：

啊？没想到大家都和我想得不一样，那我就再思考一下好啦！😄

李小刺儿

这也太不可思议了吧！咄咄逼人的李小刺儿居然没开炮？

过了一会儿，李小刺儿又发表了个观点。欧阳拓宇把她的意思弄错了，上来就是一通否定。我心想，李小刺儿这回该爆发了吧？这明显是欧阳拓宇的错，她哪儿受得了这委屈！别人敢误会她？那她不得十倍奉还？我正等着她暴跳如雷呢，她却说："你可能误会我的意思啦，也许是我没有表达清楚，我再换个方式说一遍吧！"

嗯？这还是那个我认识的李小刺儿吗？人家误会她，她都不急？我觉得太奇怪了，故意打字道：

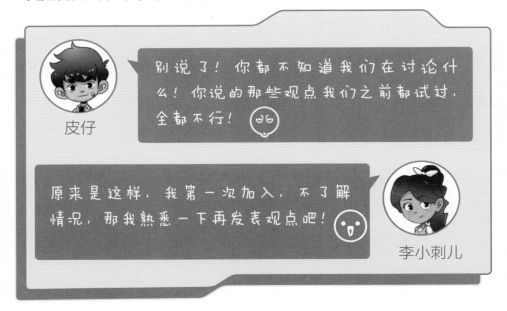

这、这也太荒谬了吧！李小刺儿怎么变了个人似的！不对，这里面一定有诈！

第二天早上，我一直暗中观察李小刺儿。果然，让我发现了她的大秘密！她的手上多了一块手表！而且，那手表是个翻译机！能

把她说的难听的话翻译成好听的话！

我跟着李小刺儿往教室外面走，只听她说："起开，给我让开！"马上，她的手表就传出另一个温柔的声音："请让一下，谢谢！"

这时，有个同学不小心踩了她一脚，她马上说："你没长眼啊！"没想到，她的手表却传来："你不小心踩到我了，真是好疼呀！"

哈哈哈，我终于知道了。怪不得李小刺儿变温柔了，原来都是手表的功劳。这么好玩的手表，我怎么能放过呢！

等李小刺儿回到教室，我对着她的手表说："大骗子！大骗子！"那手表马上传出一个女声："不要骗我啦，我又不是傻瓜。"

同学们听到我的声音被翻译成了女声，都好奇地围了过来，我更得意了，接着说："你真笨！你真笨！"

只听那手表说："虽然你不太聪明，但是你很可爱啊！"

全班同学都笑了起来，个个跃跃欲试。欧阳拓宇伸长脖子说："你真不好看！"手表马上翻译成"你好萌哦"！

接着，杠上花说："我讨厌你！"手表翻译成"你做的事情让我有点不开心呢"。

钱滚滚走了过来，笑着说："你真傻！"手表说："你可能没有搞懂我的意思哦！"

正当我们玩得高兴，广播里突然传来

教导主任的声音："哪个班还没安静下来？没安静的同学都站起来罚站！"

我灵机一动，想出一个更好玩的主意。我把手表举起来对着广播。马上，教导主任的话被翻译成"同学们，平静一下心情，保持安静。不能安静的话，我要不开心啦"！

教导主任的话被翻译得这么萌，同学们都大笑起来。这时，广播里再次传来教导主任的声音："下面我点到名字的同学，罚你们放学后去擦围墙。"

"下面我会叫几位同学的名字，辛苦你们放学后帮忙擦一下学校的围墙，谢谢喽！"

"成绩排名最后的三位同学，叫你们的家长到学校来一趟！"

"成绩排在后面的三位同学，可以麻烦你们邀请你们的妈妈到学校来吗？我有事想找她们，拜托啦！"

大家笑得前仰后合。我趁乱问李小刺儿："这么好玩儿的手表你从哪儿买的？"

李小刺儿却卖起了关子："你问我手表呀，你夸我夸到我满意，我就告诉你。"

夸到她满意？那还不是张嘴就来："班花，李小慈是班花！班花就是李小慈！"

李小刺儿哈哈大笑，说："告诉你哦，这可不是买的。这是袁萌萌用编程帮我做的翻译机。"

编程？我还是第一次听到这个词！

编程能让手表把难听的话翻译成好听的话。突然，我明白了！袁萌萌根本不会什么魔法！能看到人名字的眼镜、一碰就会说话的教具袋，还有那个讨厌的罪恶相册，全都是编程！这编程，到底是何方神圣？

正当我琢磨着编程究竟是啥的时候，广播里再次传来教导主任的话："这次成绩最差的还是皮仔！"

手表把这句话翻译成："皮仔，你是全年级进步空间最大的同学，你只要进步一点点就能超越自己哦！"

听了这句话，我觉得编程真是个好东西，要是教导主任能每天都这么说话，该多好啊！要是我也能像袁萌萌一样，会用编程发明东西，我一定要发明一堆让人说出好话的机器！嗯，就这么办！

我们班的李小慈，不仅长得好看，性格也直来直去特别爽快，就是总喜欢怼人。同学们没少误会她。其实他们不知道，很多时候，李小慈说的话并不是她心里的真实想法。也许，我可以做一个怼人翻译机，帮帮李小慈。

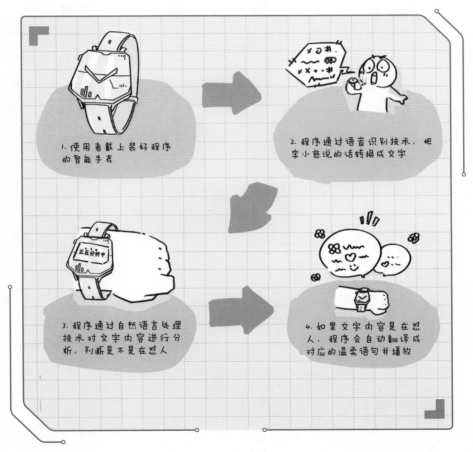

1. 使用者戴上装好程序的智能手表

2. 程序通过语音识别技术，把李小慈说的话转换成文字

3. 程序通过自然语言处理技术对文字内容进行分析，判断是不是在怼人

4. 如果文字内容是在怼人，程序会自动翻译成对应的温柔语句并播放

李小慈只要在智能手表上打开软件，手表就会自动识别她说出的话中含有的怼人关键词，并从程序中选择对应的温柔语句播放出来！这样一来，李小慈说的所有怼人的话都会变成温柔的语句啦！

自然语言处理技术

从怼人翻译机的诞生中我们可以看到，智能机器不仅可以识别出我们说话的内容，还可以通过我们的话来判断当下说话人的情绪。能达到这样的效果，自然语言处理技术起到了非常重要的作用。

自然语言，是指人和人之间沟通交流的语言。而自然语言处理技术就是让计算机能够理解人说的话或识别人说话时的情感，并能够与人进行沟通和交流的技术。只有当机器具有处理自然语言的能力时，它才实现了真正的智能。

生活中，很多地方都用到了自然语言处理技术，比如，翻译软件和智能客服。

不同的翻译软件，使用起来的体验有很大差别，你会发现有的软件翻译出来的句子更通顺、更像我们人类的语言，而有的软件翻译出来的句子，像是把单词简单排列了一下，根本读不通。这就是自然语言处理技术带来的差别。

而现在，很多平台上的客服都不是真人，让机器人明白顾客想表达的意思，为顾客提供服务，也是通过自然语言处理技术。

除了这些，你还见过其他用到自然语言处理技术的智能机器吗？

用我的内心戏 "消灭" 你

05

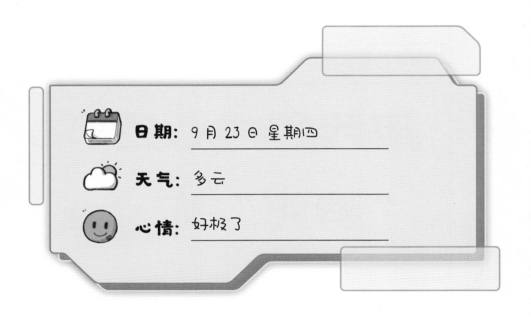

日期: 9月23日 星期四

天气: 多云

心情: 好极了

　　我的前桌陈默，人如其名，是个不爱说话的胖乎乎的男生。他不爱说话到什么程度呢？这么说吧，他就像说相声里的捧哏，全天的话合起来基本就是"啊？这！好嘛"！

　　陈默虽然话不多，心地却很善良，对人真诚，对我也好，所以我俩总在一块玩儿。渐渐地，他那些"这个""那个"竟然让我听出了层次，听出了差别，听出了丰富的潜台词。只要他一张嘴，我就知道他想说的是什么。这，大概就是人们常说的默契吧。

不过，可不是每个人都愿意像我这样去琢磨他的潜台词。隔壁班的那几个同学就不。他们每次来向陈默借漫画书，都特别蛮横。

"陈默，最新一期的漫画书借我们看看！"

"这……"

"谢谢啦！那我自己拿了！"

"啊？那，好吧……"

外班同学三下五除二就把陈默的漫画书给"卷"走了。问题是，他们连上次、上上次，还有上上上次借的书都没还呢！

我实在急得不行，气得不行！我要把属于我们的漫画书夺回来！我站起身，正打算去隔壁班抢回漫画书，却被一只手揪了回来——是袁萌萌。

"就算你这次把漫画书要回来，下次他们还是会接着跟陈默借的！"

"那你说怎么办？"

袁萌萌换了个神秘兮兮的表情："我们可以发明一个'内心戏翻译机'，让这个机器把陈默心里的话全都翻译出来。以后外班同学再来借漫画书，机器就能拒绝他们了。"

"哦？还有这么酷的机器？怎么做？"

"首先，要做一个语料库。"

"语料库？"

"就是语言的仓库，里面储存陈默说的话和他心里真实的想法。我刚转学过来，和陈默也不是很熟，只能输入他嘴上说出来的话，至于他心里的真实想法嘛——"

我看到她意味深长的眼神，马上就懂了："你是想让我帮你翻译？"

袁萌萌马上点点头。

"那就是有求于我了？"

"哼，爱帮不帮，你自己看着办！"

嘿，我这暴脾气！不过，看在我好朋友的分上，行，这个忙，我就帮了吧。

不一会儿，上课铃响了。包老师走进教室，一看黑板没擦，马上习惯性地说："陈默，你把黑板擦一下。"

"好吧……"陈默不情不愿地上了讲台。

我赶紧对袁萌萌说："其实他心里想的是'我又不是值日生，为什么老叫我擦黑板？'"

袁萌萌乖乖地把我说的话记了下来。

不一会儿，老师让班长发作业。班长转头就对陈默说："你把作业发一下吧！"

陈默"嗯"了一声。

我又对袁萌萌说："听，这个'嗯'，带着一丝嘲讽，三分无奈，意思是，我是班长还是你是班长？为什么老师派给你的活儿，你要派给我？"

袁萌萌对我竖起了大拇指："厉害厉害！不愧是陈默的好朋友，理解能力一百分！"

就这样，一下午我都在告诉袁萌萌，陈默的那些"好的、嗯、哦、可以、行"分别代表什么意思。

听，这个"嗯"，带着一丝嘲讽，三分无奈。

快放学的时候，袁萌萌跟我说，这些语料够用了。可是我想了想，这个机器解决的第一个问题就是把漫画书要回来。以现在的翻译，太温和了，不够硬气。于是，放学后，我给袁萌萌出了一个大招："想要回漫画书，需要一些更直截了当的话！"

　　"直截了当的话？比如？"

　　"这样，咱俩模拟一下借书的场景，你假装是外班同学，我假装是陈默，看看他们会说什么。"

　　"好吧。"袁萌萌点点头，就学着外班同学的口气对我说，"陈默，新漫画书再借我看一看呗！"

　　"不错，"我点点，"这时候，陈默肯定会说：'好的。'但我得让机器说：'好什么好！好借好还，再借不难！'"

　　袁萌萌一听，赶快记下来："不错不错，这句可以有。"

　　"你想想接下来外班同学会说什么？"

　　"嗯……别那么小气嘛，都看完了我一起还。"

　　"这时候，陈默估计会犹豫地说：'这……'我得让机器说：'这都是我自己新买的漫画书，我还一本都没看呢！你们说借走就借走，借了还不还，不还还敢再借！哪有这种道理？'"

袁萌萌佩服得拍起了巴掌："好！好！就得这样反击！"

我继续启发她："你想想，外班同学接下来会说什么？"

不错不错，这句可以有。

"嗯……你这人怎么这么小气，不就是几本漫画书吗？不让看你带到学校来干什么？同学间要学会分享，知不知道！"

我点点头，袁萌萌还真上道！

"这时候陈默一定会说：'知道了。'但我得让机器这么说：'知道什么知道！本来漫画书是带来放学后去爷爷奶奶家看的，结果每次都被借走，害我一次都没看到！'"

"没错！就得这么说！"

"那你接下来会怎么样？"

"行吧行吧，等我看完了全都还给你，没事吧？"

"这时候陈默肯定会说：'没事了。'但机器得说：'没事什么没事！总是欺负我，看我好欺负！我心中也会委屈的，好吗？'"

"好！"袁萌萌激动得一拍桌子，"感觉要说的话全都说出来了！"

就这样，我跟袁萌萌高高兴兴地完成了语料库，就等明天陈默用这个"内心戏翻译机"大杀四方了。

万、万、没想到！

第二天早自习的下课铃刚响，外班同学就抱着一堆漫画书主动还给了陈默。这太出乎我们的意料了！

正当陈默抱着那堆漫画书往位子上走的时候，教导主任出现在了教室门口："最近，我发现很多同学在课堂上看漫画书，现在我到各班巡视，凡是检查出来的漫画书，一律没收！"

什么？我就知道外班同学没安好心！

但是来不及了，教导主任一眼就看到了陈默怀里的漫画书，脸色瞬间沉了下来："这都是你带到学校来的？"

陈默吓得更不会说话了，只知道"这这这，这这这……"

就在这时，我们刚给他戴在手腕上的内心戏翻译机出声了："这都是我自己新买的漫画书，一本都没看！你们说借走就借走，借了还不还，不还还敢再借！哪有这种道理？"

教导主任一愣："你是说这些书都是别班的同学向你借的？那你也不应该把漫画书带到学校来看呀！在学校是要好好学习的。

知不知道？”

陈默点点头："知道了……"

没想到，"内心戏翻译机"却说："知道什么知道！本来漫画书是带来放学后去爷爷奶奶家看的。结果，每次都被借走，害得我一次都没看到！"

教导主任的脸色缓和起来："原来你是打算在爷爷奶奶家看的呀，那我错怪你了，你没事吧？"

陈默咬着嘴唇，小声答道："没事……"

但内心戏翻译机泄露了他的心声："没事什么没事！总是欺负我，看我好欺负！我心中也会委屈的，好吗？"

你能想象那个场面吗？教导主任、包老师、班长百里能，以及所有同学都被镇住了！陈默不仅自证了清白，从那以后，再也没人敢欺负他了。万岁，内心戏翻译机！

但有件事让我不是很高兴，那就是陈默成了袁萌萌的粉丝。真是的！要是没有我，袁萌萌怎么可能做出这么适合陈默的翻译机，我也有一半的功劳好不好！如果我也会编程就好了。哼，总有一天，我要亲自发明一个东西，等到那时候，我也要有属于我的粉丝！

陈默这个闷葫芦，可急死我了。被人欺负了，连句完整的话都说不出来，什么都憋在肚子里。不行，我得做个内心戏翻译机，帮他把心里话说出来！可我也不知道陈默心里怎么想的呀？有了，皮仔跟陈默是好朋友，就找他帮忙！

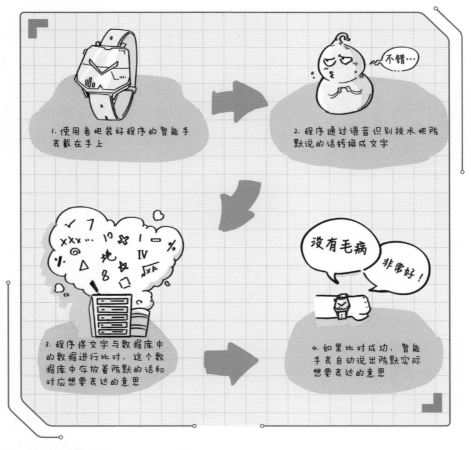

1. 使用者把装好程序的智能手表戴在手上

2. 程序通过语音识别技术把陈默说的话转换成文字

3. 程序将文字与数据库中的数据进行比对，这个数据库中存放着陈默的话和对应想要表达的意思

4. 如果比对成功，智能手表自动说出陈默实际想要表达的意思

只要陈默在智能手表上打开软件，他和别人说话时，智能手表就会识别出他说出的常用词，并从程序中选取对应的实际意思的语句播放出来！这样，大家就能听到陈默的真心话了。

这次发明能成功，数据库技术起到了非常重要的作用，它让内心戏翻译机像笔记本一样，记录下很多很多代表陈默内心真实想法的句子，那么什么是数据库呢？首先，我们需要知道什么是数据。

平时，我们在计算机和手机屏幕上看到的一切，无论是文字、图片、网页、音频还是视频，背后都是数据，可以说，只要你使用计算机就会产生各种数据。

数据库顾名思义，是存放数据的仓库。数据库可以非常非常非常"大"，能记录的数据量远超人类的记忆能力，而且它是按一定规则存放数据的，条理清晰，不会出现"记忆混乱"的现象。

数据库是现在大多数软件的重要组成部分，几乎所有的信息系统都需要使用数据库管理系统。医院可以用数据库来帮助病人挂号、保存病人的病历等信息；社交软件网站，用数据库保存用户的聊天内容；银行用数据库来保存客户的基本信息、账户余额和资金交易情况；学校可以用数据库来储存每个班的课表、学生姓名、出勤情况等。我们的生活离不开数据，也离不开数据库。

蔚蓝蔚蓝的老师

06

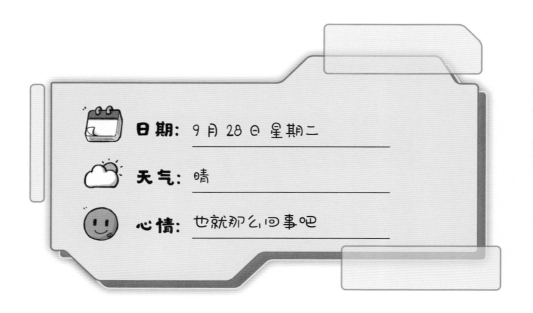

日期：9月28日 星期二

天气：晴

心情：也就那么回事吧

　　我们班，有个让人闻风丧胆的语文老师。要说她可怕吧，倒不是因为她长得恐怖，更不是因为她凶。其实，她挺温柔漂亮的，只是她的造句大法，实在让我受不了！

　　什么是造句大法呢？就是每次语文课要造句的时候，同一个词她会一口气叫十几个同学起来造句，还不能重样。前面几个被叫起来的还好说，到了第十个，谁敢保证自己造的句子能跟前面的同学不一样，还出彩啊！所以，我们平时最怕语文课造句，可怕什么来什么。

那天，语文老师说："今天我们用'蔚蓝'这个词造句，陈默，你们组先开始。"

我可太幸运了，这次从我们组开始，我坐第三个，只要跟钱滚滚和陈默说的不一样就行。

钱滚滚轻轻松松造出了第一个句子。只见陈默站起来，说："窗外的天空是蔚蓝的。"

语文老师点点头，说："好，下一个，皮仔。"

"海鸥飞翔在蔚蓝的大海上。"我顺利地坐下了。

现在，轮到我后面的欧阳拓宇了，他更是没问题，欧阳拓宇是造句天才，你让他造一万句不重样的，他都行。

很快，我们组说完了，按照顺序，拐弯到袁萌萌那组，我看她的脸憋得越来越红，心想，她肯定是造不出句子了。于是，我在本子上给她写了个提示：

蔚蓝这个词不好造句，这是一个万能造句。

袁萌萌这次挺聪明，一下就看懂了。等老师叫她的时候，她乖乖地说："蔚蓝这个词不好造句。"

没想到老师却说："这是皮仔教你的吧，这招他都用好几次了，不行，你得自己造一个。"

袁萌萌想了想，说："每当我回答不出问题，老师的脸就蔚蓝蔚蓝的。"

说完这句，果然，老师的脸被袁萌萌气蓝了。

下课后，袁萌萌就像泄了气的皮球一样趴在桌子上。李小刺儿和陈默都转过来安慰她。

李小刺儿说："别难过，语文课一直是这样的，大家都有说不上来的时候。全班这么多人呢，怎么可能人人都说得出不重样的句子。"

陈默也说："就是，别说不重样了，重样的我都说不出来。"

这时，我身后的欧阳拓宇突然伸过头来："谁说的，我就可以！蔚蓝的天空，蔚蓝的大海，蔚蓝的湖泊……"

"闭嘴！"李小刺儿生气地说。可她的怼人翻译机马上说："不好意思，请你安静一下下哦。"

我们都被逗笑了，袁萌萌却没有笑，她很认真地说："欧阳拓宇，你真的能说出不重样的句子吗？"

欧阳拓宇得意地说："那当然，要不要我给你表演一下？"

"那倒不用，不过我想到了一个让全班同学都能受益，还能让你的才华有发挥之处的办法。"

袁萌萌笑了一下，我立刻明白了她的意思，我俩对视了一眼，袁萌萌说："我们可以发明一个——口吐莲花机！"

说干就干，欧阳拓宇成了这项发明里行走的语料库，我们用一下午的时间让他把能想出来的关于蔚蓝的句子全录了进去。就这样，口吐莲花机完成了。

第二天的语文课，老师果然又

一边……一边

蔚蓝

感动

火红

冰冷

ᔕᔕ 传输中

让我们造句，我们在桌子底下偷偷传阅口吐莲花机。

语文老师说"今天，我们还用蔚蓝造句。李小慈，你先来！"

只见李小刺儿站了起来，说："老师的心胸就像蔚蓝的天空一样宽广！"

语文老师当时就笑了起来："不错，下一个。"

袁萌萌立刻站了起来，说："老师的眼界就像蔚蓝的大海一样辽阔！"

没想到，语文老师还不好意思了，她说："也没有啦！"

"老师的眼睛像蔚蓝的天空一样无瑕！"

"真的吗？"语文老师好像更开心了。

"老师的连衣裙就像蔚蓝的大海一样美丽！"

"那倒是，新买的。"

大家一个接一个地用"蔚蓝"造句。语文老师的脸上一直挂着笑容。现在，轮到我了："老师的思想就像蔚蓝的大海一样深邃！"

这回，语文老师看起来超级满意，她边鼓掌边说："优秀，优秀。"

我之后，就是陈默了，他说："老师的作业就像蔚蓝的大海一样无穷无尽！"

瞬间，语文老师皱起了眉头。

陈默转头小声地说："欧阳，你这句怎么写的！"然后他赶紧改口，"啊不不不，老师的教导就像蔚蓝的大海一样滋养万物！"

就这样，全班三十多个同学用"蔚蓝"一词把老师360度夸了一遍，老师高兴极了。

不过，有件事是我们没想到的。那天之后，语文老师认为全班同学造句水平的提高要归功于她的造句大法，她要向全校推广她的教学方法。

　　这下，其他班的同学可惨了，都要经受一人想出三十个句子的"折磨"了。

　　不过，也不知道是谁，把我们班有口吐莲花机的事传了出去。大家都来找欧阳拓宇用蔚蓝造句！欧阳拓宇可惨了！一个人要造出好几百个不重样的句子！

老师的思想就像蔚蓝的大海一样深邃！

更让欧阳拓宇没想到的是，几百个关于蔚蓝的句子终于造好后，语文老师走进教室，对大家说："来，我们今天用'火红'造句。欧阳拓宇，从你开始……"

哈哈哈哈，真是太好笑了。

超能发明大揭秘

欧阳拓宇也太厉害了吧，简直是造句天才。让全班都头疼的造句大法，他却应对自如，还嫌一人只能造一个句子，没意思。这满满的才华可不能浪费，让我来做个口吐莲花机，既能满足欧阳拓宇的造句瘾，又能帮大家应对造句大法的考验。

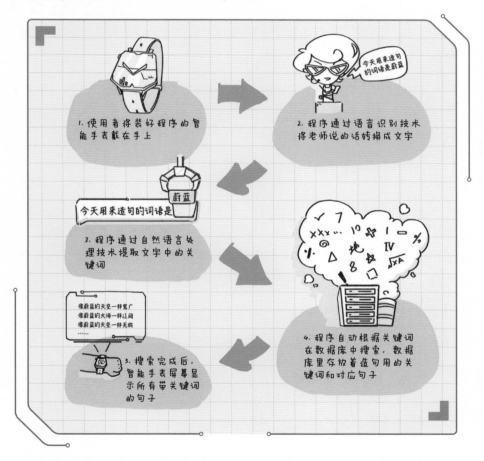

1. 使用者将装好程序的智能手表戴在手上

2. 程序通过语音识别技术将老师说的话转换成文字

今天用来造句的词语是 蔚蓝

3. 程序通过自然语言处理技术提取文字中的关键词

像蔚蓝的天空一样宽广
像蔚蓝的大海一样辽阔
像蔚蓝的天空一样无瑕
……

4. 程序自动根据关键词在数据库中搜索，数据库里存放着造句用的关键词和对应句子

5. 搜索完成后，智能手表屏幕显示所有带关键词的句子

当语文老师要开始造句大法时，赶紧打开软件，智能手表一旦检测到造句用的关键词，就会显示出欧阳拓宇提前造好的几十条句子。这样，我们班每个人都能造出不重复的优美句子啦！

数据库的搜索工具

多亏有数据库技术，口吐莲花机才能存下欧阳拓宇造出的那么多条句子。但是你知道吗？当我们使用数据库的时候，光能存储数据是远远不够的，还需要有搜索工具，才能让口吐莲花机在短短几秒钟内，自动显示出我们需要的句子。先给大家看看数据库长什么样：

句子 ID	名称	句子
1	火红	火红的太阳冉冉升起
2	火红	火红的树叶布满了山岗
……		
232	蔚蓝	像蔚蓝的天空一样宽广
233	蔚蓝	像蔚蓝的大海一样辽阔
234	蔚蓝	像蔚蓝的天空一样无瑕
……		

从表格中可以看出，数据是被分门别类存储起来的。如果，我们想从中找到"蔚蓝"相关的造句，从上到下一个个查找需要很长时间，但如果有数据库搜索工具，我们就可以瞬间找到需要的句子。我们可以这样操作：

❶ select **句子** ——挑选，后面接你想要查询的字段

❷ from **好词好句表** ——来自于，后面接我们想从哪张表里查询

❸ where **名称 = "蔚蓝"** ——哪里，后面接我们想在表的什么条

这样，口吐莲花机就会显示出结果：
像蔚蓝的天空一样宽广
像蔚蓝的天空一样无瑕
像蔚蓝的大海一样辽阔
……
有了这种工具，我们就可以很方便地进行创建，新增数据、修改数据和查询数据等操作。

我在仰望，谁在抬杠

07

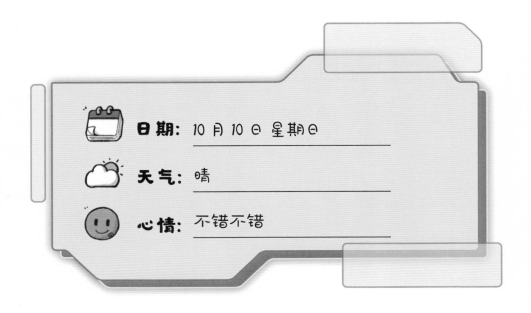

日 期：10 月 10 日 星期日

天 气：晴

心 情：不错不错

　　今天是个特别的日子！故宫寻宝活动真是太棒了，而且我还是我们班寻宝队第二组的组长！这可是我第一次当组长！真是太帅了！想知道我是怎么当上组长的吗？

　　国庆假期前，蔚蓝蔚蓝的老师跟我们说，假期后学校要举办故宫寻宝活动。活动结束后，大家可以一起去野餐。她问有没有哪位同学愿意帮大家带野餐布的？

　　蔚蓝蔚蓝的老师说完，竟然一个举手的也没有。于是，她又补充道："带野餐布的同学会自动成为小组的组长哦！"

我一听这话，立马举起手："我我我！我家有好多桌布，可以当野餐布。大的小的红的白的紫的绿的黑的蓝的，啥颜色都有！"

老师很高兴，说："好，那皮仔负责给大家带野餐布，同时当第二组的组长吧！"

多亏我反应快，抢了个组长当！当组长可真好！大家都得听我的，我可以规划路线、可以决定先干啥后干啥，真是想想都觉得美！不过，也只能想想而已。现实中，哪有那么乖的组员呀，比如我的组里就有一个人间杠头——杠上花！

那天下课后，我组织第二组的全部组员去操场活动角商量活动计划。大家到齐后，我说："老师让我规划路线，我是这么想的，你们看，地图显示宝藏的位置在御花园，但线索和任务分布在整个故宫。

我觉得可以分开行动。"

我刚说完，杠上花马上说："不行！凭什么分开行动？那还算什么小组行动呀！"

我告诉她，老师说的小组行动，又不是非得一起走的意思！可杠上花马上又杠了起来："怎么不是？当然是！不然什么是？"

"杠上花，你又抬杠是不是？"

杠上花一听，就急了："我怎么就抬杠了？你还给我起外号！"

这时，欧阳拓宇试图阻止我们继续吵架："别吵别吵，要不这样，我们一起走中轴线，从午门直接去御花园！"

没想到杠上花又说："不行！凭什么走中轴线呀？东六宫还有任务呢！"

这回欧阳拓宇也不高兴了，他说："那你说怎么办？说你抬杠真没委

屈你！”

杠上花被气得说不出话来。袁萌萌赶快提议：“要不我们先去东六宫做任务，再转到中轴线，直达御花园？”

“不行不行！凭什么先去东六宫！东六宫的任务做完了，时间根本不够走到御花园的！”杠上花又不干了。

就这样，第一天的讨论在杠上花的抬杠中草草结束。这可把我这个组长给急坏了。要是这么下去，我们肯定讨论不出结果。一想到杠上花，我耳边就响起她“不行不行”的声音，烦死了。不行！我得想个办法。

对了，袁萌萌不是会编程吗？让她发明个东西，改改杠上花爱抬杠的坏毛病！

于是，我拍了一下袁萌萌的肩膀，说：“喂，考虑一下，发明个专治抬杠的东西吧！”

“你以为我是机器猫呀！”袁萌萌眼睛一转，“你还别说，我可以发明一个抬杠警报器！”

“那是什么东西？听起来还挺酷的。”

“就是做一个机器，可以识别讨论中属于抬杠的句子，机器只要

我可以发明一个抬杠警报器！

一听见有人抬杠，就会发出'嘀嘀嘀，你已进入抬杠状态，请及时冷静，调整情绪！'的提示音。"

"哈哈哈，这个好玩！那我估计杠上花别张嘴了，只要她一说话，那机器肯定停不了。"

今天是故宫寻宝的日子，袁萌萌带着抬杠警报器来到活动现场。昨晚，我们事先跟陈默、李小刺儿和欧阳拓宇实验了一下，识别状态精准，就等着杠上花正常发挥啦！

时间一到，杠上花准时来到集合地，我清了清嗓子说："经过反复思考，我想出一个好办法，我们可以先去东六宫做任务，然后从这个小门穿过去直达御花园！"

欧阳拓宇马上说："我觉得可行，就是不知道这条小路现在通不通？"

"不通也没关系，我们还可以拐个弯，从琼苑东门旁边绕过去。"我指了指地图说。

杠上花马上说："不行不行！凭什么去那里呀！我可不去！"

突然，响起一阵"嘀嘀嘀"声儿，紧接着是电子音："你已进入抬杠状态，请及时冷静，调整情绪！"

"什么？抬杠？开玩笑！凭什么你说我抬杠，我就是抬杠呀！"杠上花不满地说。

"嘀嘀嘀，你已进入抬杠状态，请及时冷静，调整情绪！"

杠上花皱起眉，大声说："这是什么发出的声儿！真讨厌！"

瞬间，大家哈哈大笑了起来。

"笑什么笑！你才抬杠呢！谁笑谁抬杠！"

袁萌萌不笑了，她说："我的机器是不会识别错的，你刚才就是在抬杠！"

杠上花急得要哭了，忙解释："我……我不是在抬杠。我就是想让你们听听我的观点。我们可以先分成两路，一路在中轴线找线索，一路去东六宫做任务，然后再会合，一起找宝藏。这样既是小组行动，又能同时做几件事。"

袁萌萌马上说："不行不行！凭什么听你的呀！凭什么别人说的都不行，就你说的行呀！"

"嘀嘀嘀，你已进入抬杠状态，请及时冷静，调整情绪！"机器冰冷的声音再次响起。

袁萌萌吃惊地说："啊？我在抬杠？"

没想到袁萌萌说出了我们的心声，却被识别成了抬杠？难道我们对杠上花的抱怨也是一种抬杠？难道是我们不理性、不客观，没有真心听她讲话吗？仔细想想，其实，那什么，杠上花的方案挺有道理的。

沉默了几秒后，我们大家对视了一下，确认了彼此的眼神。不管了，团结最重要！谁让，谁让我是组长呢！

于是，我马上提议，按照杠上花说的办！大家都纷纷表示同意。我和袁萌萌、欧阳拓宇去中轴线找线索，杠上花和陈默、李小刺儿去东六宫做任务，然后再在御花园会合，一起找宝藏。大家兴奋地踏上了故宫寻宝之旅。

我们很快就找到了三个线索。不过，等我们到了御花园却没看见杠上花他们。于是，我们只好先自己找宝藏。找了老半天，我们终于找到了宝藏。这回，只要杠上花他们能顺利完成任务，我们就成功了。

可左等右等，都不见杠上花他们的身影，真是急死人了！

"同学们，活动时间到了。还有哪个小组没回来吗？"蔚蓝蔚蓝的老师刚说完，杠上花他们就兴冲冲地跑了回来。

"皮仔，做完了！我们全部做完了！"

我当时吃惊极了，要知道,全班没有一个组完成了全部活动内容！我们小组是最厉害的，完成了不可能完成的事！只可惜，杠上花他们回来得太晚了，活动已经结束了。不过，我们还是不死心，大伙一起跟蔚蓝蔚蓝的老师说情况。

欧阳拓宇说："看在我们全部完成的面子上，算我们赢吧！"

袁萌萌也说："就是啊，

我们可是全班唯一完成全部活动内容的小组呢！"

没想到蔚蓝蔚蓝的老师却说："不行！凭什么完成了全部活动内容就能破坏规矩呀？"

蔚蓝蔚蓝的老师话音刚落，抬杠警报器就发出警告音。

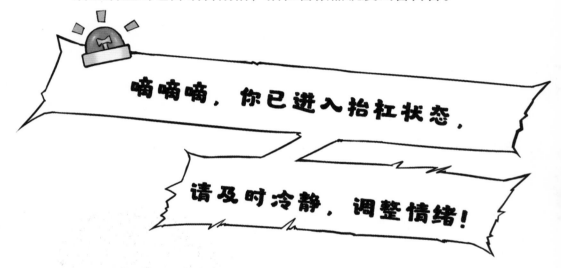

嘀嘀嘀，你已进入抬杠状态，

请及时冷静，调整情绪！

哈哈哈哈，原来老师也有抬杠的时候呀！

杠上花真不愧叫杠上花，论抬杠，她认第二的话，我们班没人敢认第一。这不，好好的讨论，都被她的抬杠搅和了。为了寻宝活动顺利进行，我得做一台抬杠警报器，只要她进入抬杠状态，机器就及时播放提示音，阻止抬杠，也能避免因为争吵浪费时间。

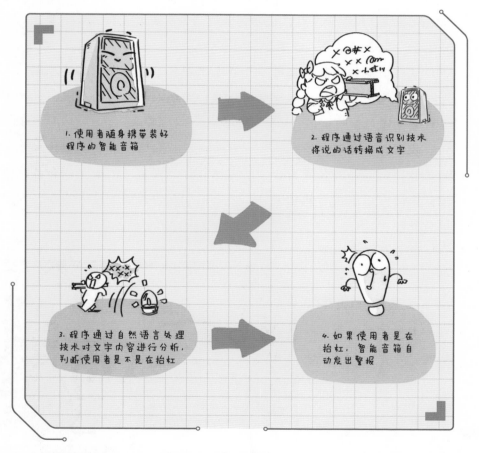

1. 使用者随身携带装好程序的智能音箱

2. 程序通过语音识别技术将说的话转换成文字

3. 程序通过自然语言处理技术对文字内容进行分析，判断使用者是不是在抬杠

4. 如果使用者是在抬杠，智能音箱自动发出警报

打开智能音箱，程序可以自动检测是否有人说出了抬杠关键词，当发现关键词时，就会播放"嘀嘀嘀，你已进入抬杠状态！请及时冷静，调整情绪"的警报！

语音识别

在这个发明中，我用到了语音识别技术。语音识别技术是自然语言处理的一个方向，这个技术你肯定也用过。现在很多智能家居设备都能用语音进行控制，比如开关灯、换电视频道、让智能音箱播放故事等。爸爸妈妈开车时，也会用语音，设置导航的目的地。

这些功能的实现，都离不开语音识别技术。语音识别技术能把人说的话转化成文字或机器可以理解的指令，实现人与机器的交流。也就是让机器能够听懂人类的语言。让机器拥有了一双"耳朵"。

现在，语音识别技术发展得非常成熟，它经常会和其他技术融合，比如语音识别和语音合成结合，可以组成智能音箱；语音识别和自然语言处理结合，可以组成智能翻译机；语音识别和物联网等技术结合，可以组成智能家居。

真期待语音识别技术在未来的发展，说不定还会有更新奇、更好玩的发明出现呢。

脂肪神奇暴发案

08

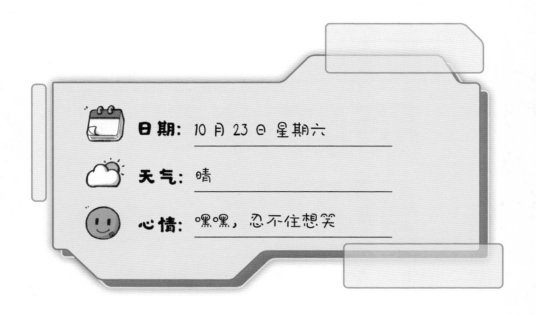

日期：10 月 23 日 星期六

天气：晴

心情：嘿嘿，忍不住想笑

　　最近，班里又又又发生了一件好玩的事儿！前些日子，我们不是去故宫寻宝了吗？活动当中拍了好多合影。这几天，班长百里能把照片洗了出来，同学们都抢着看自己的样子。可是，每一个拿到照片的同学，都发出了惊叫声，没有一个人对自己的形象是满意的！教室里顿时一片唉声叹气。

　　李小刺儿第一个嚷嚷起来："我也太胖了吧！什么情况？我的尖下巴呢？"

"就是啊！我怎么跟肿了似的？脸这么大？"袁萌萌也哀号起来。

杠上花大声叫道："肯定是相机坏了，我站在最后，按理说应该脸显得最小，怎么还显得这么胖呢！"

不仅女生对自己不满意，连男生也纷纷抱怨起来。欧阳拓宇说，他被拍得都快跟陈默一样胖了。陈默反驳道："我哪儿胖了？我一点儿都不胖！"

然而，对这次拍照最不满意的，还要数包老师。不过，大家看到照片中包老师的样子，瞬间不再怀疑相机有问题了。因为，包老师实在是，真的、确实、很胖！她的胖和她的不承认胖，提醒了我们大家。也许，并不是相机坏了，而是我们真的需要锻炼减重了。

于是，我们一个个都去称体重，你猜怎么着？我们居然，还真的是胖了！

最先发出尖叫的，又是李小刺儿："啊！我要变瘦！我要运动！我要健身！"

就这样，在包老师的带领下，健身小分队正式成立。他们决定每天中午都去操场上跑步健身。可是，整个小组刚跑一圈，就都瘫倒在地，无法坚持了。

从那天以后，健身小分队再也没有运动过。不过，他们有了新的行动。那就是，我发现陈默中午不跟我一块儿去食堂吃饭了，他们集体去了一家叫健康轻食的餐厅。据说，那里的饭叫健康餐，吃了不长胖，还能保证营养。也就是说，只要去那里吃饭，不用运动就能瘦！

天下还有这样的好事儿？那，那我也想试试了。虽然，我不胖，也不用减肥，但是这健康餐是什么滋味，我也想尝尝。

晚上，我跟我妈要了零花钱，准备明天去体验健康餐。我妈却说健康餐不好吃，肯定就是些纯天然的蔬菜水果，比如生吃芹菜、生吃胡萝卜、生吃洋白菜啥的。

让我妈一说，我一点胃口都没有了。不过，看陈默他们每天兴高采烈地去吃，感觉不应该难吃呀！

第二天，我跟着健身小分队去了轻食餐厅。我根本没想到，餐厅里的吃的，真的是——太！香！了！什么鲜虾牛油果沙拉！好吃！香煎龙利鱼沙拉！好吃好吃！小牛肉健康碗！好吃好吃，无敌好吃！

从那天开始，我每天跟健身小分队去轻食餐厅吃饭，越吃越爱吃。可是，没过几天，我居然——胖了！

在轻食餐厅天天吃减肥餐的我，居然能胖？这太没天理了！而且，胖的不只是我，还有袁萌萌、李小刺儿、欧阳拓宇、陈默，以及包老师。

就在我们一边生气，一边不知道该对谁生气的时候，袁萌萌打开自己的智能手表，对我们说：“**这是一起脂肪神奇暴发案！**先来看看我们每天吃的每道菜到底含有多少卡路里！走，我们一起去事发现场看看吧！”

我们跟在袁萌萌后面，准备一探究竟。进了餐厅，每个人都点了自己平时最喜欢吃的那道菜。等菜上了以后，袁萌萌掏出她的神器，在菜上一比画，神器立刻发出“嘀”的一声：“嘀——鲜虾牛油果沙

拉，800 卡！"

　　李小刺儿特别吃惊地说："什么？800 卡！我竟然吃 800 卡的餐吃了将近一个月！怪不得我的尖下巴没有了！"

　　袁萌萌又把智能手表对准一份香煎龙利鱼沙拉。"900 卡！怪不得我的脸胖得像个包子！"袁萌萌惊讶地说。然后，她把智能手表对准了包老师常吃的小牛肉健康碗，结果竟然有 1000 卡！

包老师怒气冲冲地说："什么？竟然骗我！叫你们老板出来！"

"来了！发生什么了，我亲爱的顾客！"话音刚落，只见一个巨

大的身影出现在门口。这个店的老板，简直可以说是胖成了一个肉球，

只见他差点被卡在门里，侧着身子才勉强来到前厅。我都惊呆了，不知道手里的卡路里识别器在什么时候已经对准了老板，只听见智能手表说。

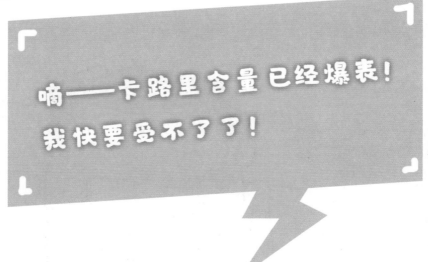

太奇怪了，明明天天中午吃的都是轻食，我的体重怎么不降反增呢？身上的肉都多了一圈。难道是轻食有问题？为了侦破脂肪离奇暴发案，我要做个新发明，测测每顿饭到底有多少热量。嗯，就做一个卡路里识别器吧！

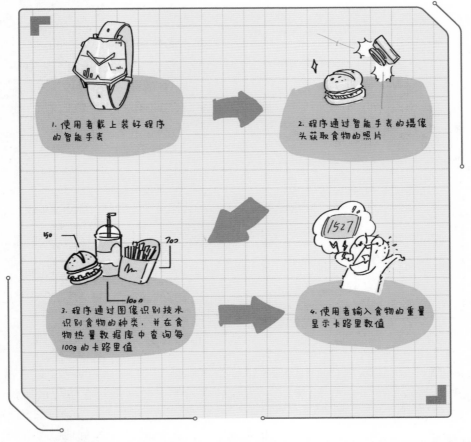

1. 使用者戴上装好程序的智能手表

2. 程序通过智能手表的摄像头获取食物的照片

3. 程序通过图像识别技术识别食物的种类，并在食物热量数据库中查询每100g 的卡路里值

4. 使用者输入食物的重量显示卡路里数值

只要将智能手表的摄像头对准想要测量的食物，并输入对应食物的分量，程序就会自动识别出食物的种类，根据分量计算出对应的卡路里数值！这样我们就能清楚知道自己到底吃下了多少热量啦。

机器学习

在卡路里报警器中，我们用图像识别技术识别出食物的种类。你知道吗？机器也像人类一样，也得通过学习才能学会辨别食物。这个过程，我们称为机器学习。

通过学习，机器变得越来越"聪明"。机器学习是人工智能的一部分，也是所有人工智能的基础。以我做的卡路里识别器为例，我们一起看看机器是怎样学习的吧。

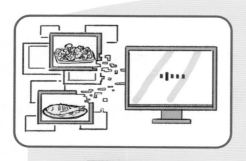

1. 导入图片进行训练

训练时，我会先给程序看一些图片，然后告诉程序这些图片对应的菜品名称"牛油果""龙利鱼"或是"小牛肉"。通过反复训练，智能机器能够记住它们的特征。

2. 测试识别准确度

反复训练几次后，我们可以拿一些不同的食物图片对程序进行测试。

3. 掌握识别食物的技能

在多次测试无误后，这个程序就可以用来识别食物了。

现在我们常常可以看到有植物识别软件、动物识别软件、地标识别软件等，它们都是用机器学习做出来的。人工智能技术的专家们也正在努力，使机器学习的方法越来越好用，让机器学习效率越来越高、越来越"聪明"，能够更好地为我们提供服务。

运动会大作战

09

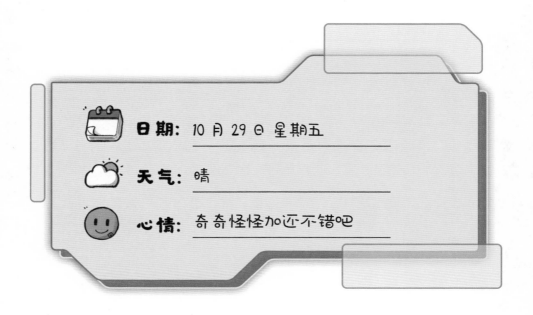

日 期：10 月 29 日 星期五

天 气：晴

心 情：奇奇怪怪加还不错吧

今天，我们班竟然拿了全校跳绳比赛第一名！要知道，我们以前可都是拿倒数第一的！这件事儿还得从一个星期前说起。

那天，临要放学的时候，班主任宣布："下周五学校要组织跳绳比赛，还是由班长来组织，大家要在课间多多练习，老师希望你们能团结起来，取得一个好成绩！"

说完这些，班主任走出了教室。同学们你看看我，我看看你，脸色一个比一个难看。就在这时候，欧阳拓宇脱口而出："好家伙！

一年一度的
丢脸大赛又
来了！"

咱们今年要团结一致，
勇争第一……
啊不，勇争前五！

同学们
一听这话，都像是被点燃的柴火，噼里
啪啦地议论起来。

本来我们班体育就不行，再加上在轻
食餐厅长的那些肉。现在，我们班个个
都是小胖子。跳绳？哪儿跳得起来！

班长百里能突然站了起来，一脸严肃地说："安静，同学们！咱
们今年要团结一致，勇争第一……啊不，勇争前五！"

没想到，欧阳拓宇泄气地说："勇争前五？咱们年级总共就六个
班！还勇争前五！那不就是倒数第二的意思吗？"

同学们哈哈大笑起来，百里能尴尬地说："那个……我们要勇于
突破自己。今天开始，课外活动时间，都去操场练习！"

在一片抱怨声中，我们班的小胖子们终于慢慢地挪到了操场上，
可还没练一会儿，大家就累得不行了。

负能量检测中

钱滚滚说："咱们班这个速度根本不行，我刚刚去偷看一班，他们一分钟能跳 60 个呢！"

杠上花提议："要我说，咱们还是别练了，花这么多时间练习，最后还是会垫底。怎么垫底不是垫，还不如去吃会儿零食！同意解散的举手！"

好家伙！半个班的手都举起来了！我看百里能站在那里，使劲指挥，也没人听他的。不过，话说回来，这也不能赖同学们，我们本来就比别的班差太远，

练也白练，还不如早点回家歇着呢！就这样，举手人数超过半数，我们也就解散了。

第二天，百里能又叫大家下楼练习，我和欧阳拓宇使了个眼色，还想像昨天一样，通过投票放弃练习。于是，我说了一句："练有什么用啊？再练也赶不上别的班！"

你猜怎么着？这话一出，教室里居然传出来一个声音："嘀——你正在向大家传递负能量，罚你单脚跳一百下。"

哎？这是什么声音？凭什么罚我？还没等我反应过来，同学们一哄而上，喊道："单脚跳！单脚跳！单脚跳！"

他们现在倒是挺齐心的！没办法，我只好做了一百个单脚跳。事儿多的百里能还在旁边挑毛病，说我这不标准那不到位的。正当他说我做得不如别人标准的时候，那个声音又来了！

"你正在向大家传递负能量，罚你高抬腿五十下！"

百里能听到，脸都僵住了："什么？罚我？我可是班长啊！不不不，我可是在监督他啊！"

听到班长也会被罚，大家更来劲了，一起大喊："高抬腿！高抬腿！高抬腿！"

无奈之下，百里能当众做了五十个高抬腿，这些同学不长记性，又在旁边瞎挑毛病，这还用说吗？当然也会被那个声音抓住！所有说百里能做得不好的人，都被罚去操场跑两圈。而我们就这样形成了一个怪圈，一看见别人受罚，就想在旁边挑毛病，一挑毛病自己就受罚，停都停不下来！

这可太有意思了，看热闹的一不留神就被罚，被罚的人不服，罚完还想再挑别人的毛病。无穷无尽，游戏就一直进行着。

我当然知道是怎么回事，这东西一看就知道是我那同桌——袁萌萌发明的。不过，东西好玩是好玩，也抵制了负能量，可玩起来也太累人了吧。

很快就到了比赛日。我们心里一点儿底也没有，抱着必输无疑的心态开始了比赛。结果，你猜怎么着？当大绳那么一抡起，我们竟然齐刷刷地跳起来了，跳得老高了，还跳了好多下，一点儿没觉得累！不光是嘴上不说累哦，是真的没感觉到累！奇怪了，我们也没练习呀，怎么就变得这么厉害了？

没过一会儿，校长就播报了最后成绩。

"三年级二班在这次比赛中表现得极为优秀，他们获得了第一名！"

什么？就我们班，还能得第一？大家不可思议地你看看我、我看看你。

只听校长说："他们极为勤奋、极为感人！每天，这个班的同学都积极主动地在操场上进行各种姿势的训练，比如蛙跳、跑步、蹲起……"

啊！我这时候才恍然大悟。原来惩罚也是一种训练呀！袁萌萌，可真有你的！

这帮人真是太不像话了，跳绳不好就多练习呀，只要肯练习，成绩肯定能提高。可他们呢？居然说练了也没用，就这么放弃了。不行，我要做一台负能量报警机，谁再说丧气的话，传播负能量，就要接受惩罚！惩罚什么好呢？哈哈，有了！

1. 使用者戴上装好程序的智能手表

2. 程序通过语音识别技术把大家的对话内容转换成文字

3. 程序通过自然语言处理技术对文字进行分析，判断是不是说出负能量的话

你正在传递负能量，跑步两圈

4. 如果有人说出了负能量的话，程序会发出警报，并给出"惩罚"

打开程序，我的音箱会自动检测周围人说出的话中是否含有负能量关键词。一旦发现负能量关键词，音箱就会发出"你正在向大家传递负能量"的警报，并给出相应的惩罚措施，比如深蹲一百下，仰卧起坐三十个，跑步两圈等。把负能量转化成运动量，我可真是太聪明了！

语音识别的过程

人类用耳朵听别人说话，智能机器用麦克风"听"我们说话。它们是如何听懂人类的语言的呢？

1. 采集记录声音

人类的声音是由声带振动产生的，不同的声音有不同的声波。用麦克风这样的声音接收装置，就可以采集记录下人的语音。

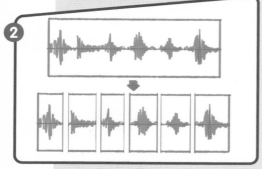

2. 对声音进行"切割"处理

智能机器处理采集到的声波，将静音部分切除后，再把语音切割成很多小段。

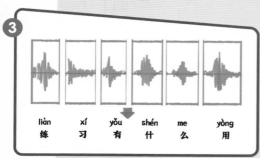

liàn xí yǒu shén me yòng
练 习 有 什 么 用

3. 对声音进行识别分析

智能机器会对每一小段的语音进行识别分析，最终形成语言文字，这样人们说的话，智能机器也就一清二楚啦！

你有梗，
我来接

10

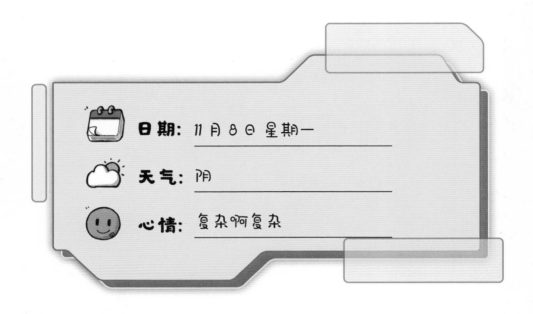

日期：11月8日 星期一

天气：阴

心情：复杂啊复杂

最近也不知道怎么回事，班长百里能变得奇奇怪怪的。其实别看他就坐在我右边，可平时跟我说话并不多。然而最近几天，他就像跟我很熟似的，一下课就跟我和欧阳、陈默一块儿聊天，而且聊的内容，全是以前发生过的事。

"最近你们碰见咔嚓了吗？他还追你们吗？"百里能突然说。

咔嚓是住在学校门口的一个小孩。有次我打喷嚏，他被吓哭了，就一边跑一边喊咔嚓。后来，我们都管他叫咔嚓。可是，这只有我们三个知道，他在班里聊这个是什么意思？

紧接着，百里能又说："对了，晚上来我家看嗖嗖吗？"

嗖嗖是百里能邻居家养的狗，跑起来嗖嗖快，我们给它起名叫嗖嗖。这时候，百里能突然对袁萌萌身边的钱滚滚说："晚上我带大个儿给嗖嗖吃，你来吗？"

大个儿是狗粮的代号，只有我们知道，奇怪的是他为什么要隔着袁萌萌对钱滚滚说呢？

钱滚滚点点头，说："好啊好啊！我好长时间没去看嗖嗖了！"

"杠上花也来吧！我们家有你喜欢的小短。"

小短是我们爱玩的一款游戏，怕大人不让玩，我们自己偷偷起的暗号。就这样，大家慢慢围成了一个圈。以百里能为中心，聚了起来。

只不过，这当中，只有一个人听不懂我们说的话，那就是新来的插班生袁萌萌。

没过几天，更奇怪的事发生了，下课的时候，袁萌萌居然主动找我聊天，而且还很大声："皮仔，上次你帮我做的语料库可真不错！"

"啊？你说内心戏翻译机吗？"

袁萌萌点点头，继续大声说："对呀！你知道吗？没有语料库，咱们班就不会有蔚蓝蔚蓝的老师！"

欧阳拓宇听到了，马上说："哈哈哈哈，以后有这种活儿还叫我啊！我还能做 2.0 版的口吐莲花机！"

当我们聊这些的时候，我明显感觉到，百里能在竖着耳朵听，但是他听不懂。我也确定了，原来袁萌萌在和百里能"斗梗"。他们各自在和我们说一些只有我们听得懂的话。那些话就像砖墙，把听不懂的人隔在了外面。

也许，在外面听不懂的人会觉得不好受吧。但是，在里面的人，可以大声地说着只有我们能听懂的话，这种感觉还是很特别的。尤其是，这些话还跟编程发明有关系！

当我正得意的时候，战火又升级了。他们每天都有固定的斗梗时间。说实在的，有些陈年老梗我都快想不起来了，百里能居然能搜肠刮肚地找出来。那些幼儿园时候的事他都翻出来了！

这边，袁萌萌也不示弱，因为我们一起做过语料库，她真是一条不落地回味啊！可把我忙坏了！我这一天到晚，跟说相声似的，左边搭完腔，右边又得搭。我现在都盼望上课了，上课可比下课轻松多了，至少不用一直说话。

不过，有一天，袁萌萌突然安静了。不管百里能怎么发起进攻，她都不开腔。

这一天，就是新同学马达转来的日子。马达是我们班这学期的第二个插班生，就坐在袁萌萌的左边。无论是百里能说的梗还是袁萌萌说的梗，对他来说，都没听说过。所以，他总是一个人安静地坐着。

放学的时候，袁萌萌突然叫住我。她突然让我给她讲讲班里之前的老梗！我吓了一跳，赶忙问她要干什么？

袁萌萌说她只是想帮新同学马达做一个**班级接梗机**，把班里以前发生过的事和它的代号输入到机器里。这样，马达就能听懂大家在说什么，能融入班级，不会那么孤独了。

　　袁萌萌这么一说我就懂了，这不就像搜索引擎一样，每个听不懂的梗都能查到答案。袁萌萌点点头，我可真聪明呀，一下子就能找到问题的关键。

　　我俩说干就干，搜肠刮肚地想着班里都有过哪些梗，一下午的时间总算搞出来了。

第二天，马达戴着我俩开发的接梗机一下子就无敌了，就像袁萌萌第一天戴着打招呼识别眼镜一样，什么我们班的陈年旧事都知道，就跟有超能力似的！

这下可吸引了蔚蓝蔚蓝的老师，她不明白自己去年举过的例子，这个新来的怎么会知道呢？

没办法，诚实的马达就把接梗机交到蔚蓝蔚蓝的老师手里了。我和袁萌萌心想，这下子完蛋了，我们班同学之间的秘密岂不是都被老师知道了？这还了得，她还不得罚我们！

可没想到的是，老师不但没罚我们，还表扬了我们，说我们收集

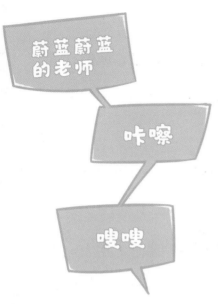

蔚蓝蔚蓝的老师

咔嚓

嗖嗖

班级的经典语录，应该把这个发明做大，做成班级金句机。让我们好好开发，将来留在学校，成为学校的历史。

我的天！光荣虽然是光荣，可是，这得是多大的工作量啊！正当我和袁萌萌发愁的时候，马达站出来了，他说他也学过编程，水平还行，就是特别喜欢写代码，可以和我们一起做。

听马达这么一说，我俩赶紧让他上手试试，一试才发现，我的天，马达竟然是个代码高手！他写代码的速度比袁萌萌还要快上好几倍，连袁萌萌本人都佩服得五体投地。

就这样，**班级接梗机变成了班级金句机**。有了这个机器，每个同学都在墙里，没人会被隔在墙外面了。而我，嘿嘿，就是打通这道墙的人。当然啦，还有袁萌萌和马达。

超能发明大揭秘

新来的转校生马达，课间的聊天内容，他完全听不懂。都怪百里能，总讲一些我们转校生听不懂的梗。不行，我得帮帮马达。我要让皮仔把那些梗的含义告诉我，然后做一个班级接梗机，让大家再也不会被任何谈话拒之门外。来看看这个超能发明是如何实现的吧！

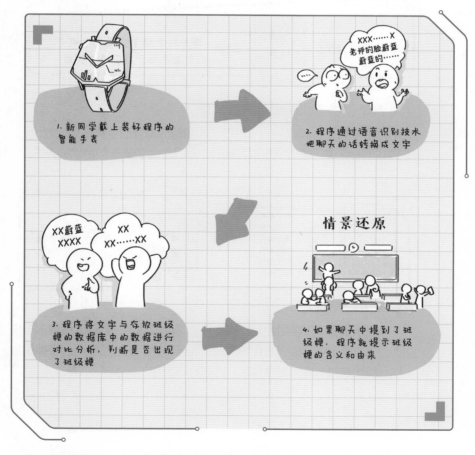

打开程序，只要大家在对话的过程中提到了某一个梗，程序就会自动识别，并显示出这个班级梗的含义和由来！有了它，每个人都能融入我们班级啦！

语言模型

　　班级接梗机的制作，同样用到了语音识别。可是有那么多相同读音的词，为什么智能机器可以知道我们在说哪个呢？比如，当我说"jǔ gè lì zǐ"的时候，智能机器怎么知道我说的是"举个例子"还是"举个栗子"呢？这就要用到语言模型。

1. 通过声学模型找出可能的文字

　　声学模型，就像是一本存放了所有词语发音的字典，通过对比识别找到相应的词语，但这时可能会出现几个代表着不同意义的词语。

2. 通过语言模型，分析语境

　　想从很多个汉字组合中，找到最有可能的那个，就需要用到语言模型。语言模型中存放了我们经常会说的各种话，机器会在语音模型里寻找，找出最有可能的文字表达，有效提高识别的准确性。

　　为了方便识别，还可以更新语言模型。像我就把班级的梗更新到语言模型中，这样我们的班级接梗机就更智能啦！

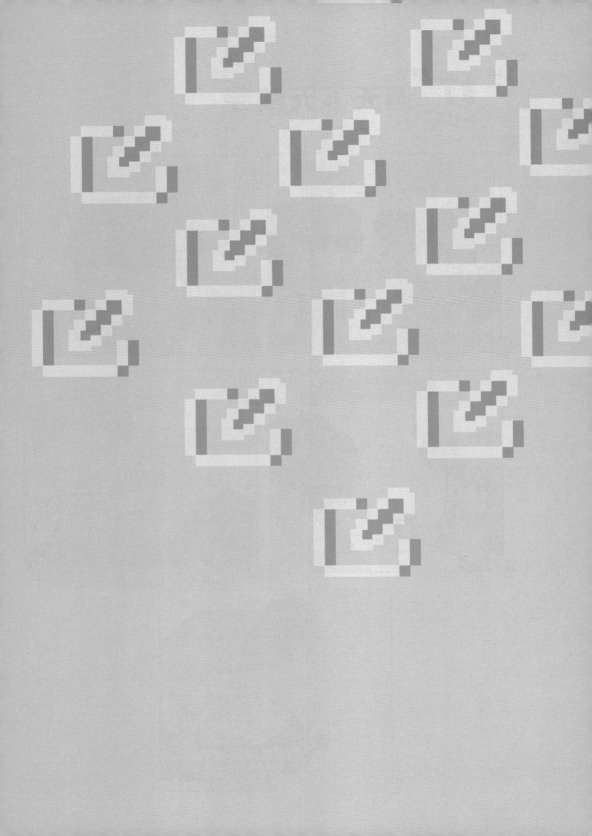

"打"遍天下无敌手

造句"天才"

你以为这就完成了吗?
当然不是，书稿还要交给出版方——果麦和出版社
请继续往下看

超能编程队 1 我的同桌有超能力

总　策　划 | 李　翊

监　　　制 | 黄雨欣

内 容 主 编 | 黄振鹏

执 行 策 划 | 刘　绚

故 事 编 写 | 涂　洁　刘　绚　王　岚　杨　洋

插　　　画 | 孙　超　王志乾　李子健　白　羽　范雪慧

编 程 教 研 | 蔡键铭　陈　月　王一博　王浩岑

产 品 经 理 | 于仲慧

产 品 总 监 | 韩栋娟

装 帧 设 计 | 付禹霖

特 约 设 计 | 小　一

技 术 编 辑 | 丁占旭

执 行 印 制 | 刘世乐

出 品 人 | 刘　方

图书在版编目（CIP）数据

超能编程队. 1，我的同桌有超能力 ／ 猿编程童书著
. —— 昆明 ： 云南美术出版社，2022.7（2023.1重印）
ISBN 978-7-5489-4955-8

Ⅰ. ①超… Ⅱ. ①猿… Ⅲ. ①程序设计–青少年读物
Ⅳ. ①TP311.1-49

中国版本图书馆CIP数据核字(2022)第097456号

责任编辑：梁　媛　于重榕
责任校对：赵　婧　温德辉　黎　琳
装帧设计：付禹霖

超能编程队. 1，我的同桌有超能力
猿编程童书 著

出版发行：云南出版集团
　　　　　云南美术出版社（昆明市环城西路609号）
制版印刷：天津市豪迈印务有限公司
开　　本：710mm x 960mm　1/16
印　　张：7.5
字　　数：220千字
印　　数：25,001-35,000
版　　次：2022年7月第1版
印　　次：2023年1月第4次印刷
书　　号：ISBN 978-7-5489-4955-8
定　　价：39.80元